新中国天津建筑记忆

天津市第二工人文化宫

天津市建筑设计研究院有限公司　刘景樑　朱铁麟

中国文物学会20世纪建筑遗产委员会　　　编著

U0217823

天津大学出版社
TIANJIN UNIVERSITY PRESS

图书在版编目（CIP）数据

新中国天津建筑记忆 ： 天津市第二工人文化宫 / 刘
景樑，朱铁麟，中国文物学会 20 世纪建筑遗产委员会编著.
-- 天津 ： 天津大学出版社，2024.4
（中国 20 世纪建筑遗产项目. 文化系列）
ISBN 978-7-5618-7708-1

Ⅰ．①新… Ⅱ．①刘… ②朱… ③中… Ⅲ．①文化馆
－建筑设计－天津 Ⅳ．① TU242.4

中国国家版本馆 CIP 数据核字（2024）第 081209 号

XINZHONGGUO TIANJIN JIANZHU JIYI: TIANJIN SHI DI′ER
GONGREN WENHUAGONG

出版发行	天津大学出版社
地　　址	天津市卫津路 92 号天津大学内（邮编：300072）
电　　话	发行部：022-27403647
网　　址	www.tjupress.com.cn
印　　刷	北京盛通印刷股份有限公司
经　　销	全国各地新华书店
开　　本	165mm×230mm
印　　张	7.25
字　　数	70 千
版　　次	2024 年 4 月第 1 版
印　　次	2024 年 4 月第 1 次
定　　价	78.00 元

谨以此书献给为建设并传承
中国 20 世纪建筑遗产事业做出贡献的人们

序一

在北京，故宫博物院的东南侧有北京市劳动人民文化宫，它是利用明清两代皇帝祭祀祖先的太庙所建的。而在天津，第二工人文化宫则是新中国成立初期建设的新建筑。据全国工程勘察设计大师刘景樑介绍，这座文化宫始建于1952年，由天津市建筑设计研究院的前辈建筑师虞福京建筑师设计。2022年8月，在武汉召开的"第六批中国20世纪建筑遗产项目推介公布"活动大会上，天津市第二工人文化宫就已经榜上有名。2023年12月，中华全国总工会发布了48家首批全国标准化工人文化宫名单，这组建筑也名列其中。

天津市第二工人文化宫以职工需求为导向，以弘扬劳模精神、劳动精神、工匠精神为主线，成为广大民众活动的"学校和乐园"，因此被中国文物学会、中国建筑学会推介为"中国20世纪建筑遗产"。我翻阅由天津市建筑设计研究院有限公司刘景樑、朱铁麟与中国文物学会20世纪建筑遗产委员会合著的《新中国天津建筑记忆　天津市第二工人文化宫》一书后，更感慨其保护的意义和出版传播的价值。

《新中国天津建筑记忆　天津市第二工人文化宫》一书，带领我们走进这组被称为"天津二宫"的文化空间。这本书至少让我产生了3个方面的感悟与联想。其一，"天津二宫"是天津这座国家历史文化名城发展进程的缩影，更是新中国建设成就的标志建筑，建筑本体如二宫剧场是北方重要工业城市讴歌建设者精神风貌的家园；其二，"天津二宫"的历史建筑群让我们认识到建筑师虞福京的建筑设计所具有的传承特色。虞福京是一位为天津城市发展做出贡献的建筑师，毕业于天津工商学院，是早期从业于天津基泰工程司的前辈。他在新中国成立后主持设计的多项作品，如天津公安局大楼、天津人民体育馆均被评为"中国 20 世纪建筑遗产"。其三，"天津二宫"以"工"字和"人"字为造型的建筑总平面及立面乃至细部设计，现在看来仍然生动感人。

　　20 世纪 50 年代初期，在我国刚刚明确的"适用、经济、在可能条件下注意美观"建筑方针的指引下，天津建筑设计公司（天津市建筑设计研究院的前身）虞福京团队就能如此精准地把握设计原则，设计出"天津二宫"这样的建筑群，实属难能可贵。"天津二宫"是体现新中国天津建筑特色的代表作，更为天津乃至新中国留下了重要的建筑文化遗产。对此，我以为，对"中国 20 世纪建筑遗产项目·文化系列""天津二宫"项目进行传播十分有价值，因为这不仅可以让业界回望虞福京等建筑前辈的设计贡献和创作技艺，而且可以给社会公众一个从专业视角解读"天津二宫"建筑文化的好机会。

　　我还获悉，天津市第二工人文化宫建筑群是天津市文物保护单位，1958 年 8 月我国领导人曾在此参观"天津市增产节约成就"展览。2022年经天津市政府批复，天津二宫进行了文物建筑修复，实现合理利用。天津二宫重新开放以来，已经有 360 万人来访，每年举办各种会议与展览活动达数十场之多。

　　"天津二宫"不凡的设计与运营乃至服务社会公益的做法，确实值得总结。我很高兴天津市建筑设计研究院与中国文物学会 20 世纪建筑遗产委员会编著出版了《新中国天津建筑记忆　天津市第二工人文化宫》，并以此献给虞福京建筑师和长期以来为保护这组建筑做出贡献的同人们。

　　特此为序。

中国文物学会会长

故宫博物院学术委员会主任

2024 年 3 月

序二

　　天津市第二工人文化宫（以下简称"天津二宫"）是由我院老一辈建筑师虞福京于 1952 年领衔设计的。该项目于 2022 年被推介为"第六批中国 20 世纪建筑遗产"。2022 年 8 月在武汉洪山宾馆举行了"第六批中国 20 世纪建筑遗产项目推介公布暨建筑遗产传承与创新研讨会"，我因故未能到场，由 20 世纪建筑遗产委员会秘书处代表我在发布会上宣读了推介感言。对于二宫，我在文稿中表达了两个意思：一是在新中国成立初期能有如此精彩的设计让人惊叹，它是对新中国建筑事业的贡献，也代表了当时天津市建筑设计较高的水准，因此天津二宫当之无愧地成为中国 20 世纪建筑遗产项目；二是天津市建筑设计研究院有限公司（以下简称"天津建院"）成立 70 多年来，始终不忘初心，在城市更新等一系列重大项目中、在设计和综合管理方面进行探索，天津二宫的城市更新与活化利用也是由天津建院完成的，因此可以说，天津建院从 20 世纪 50 年代至今一直是天津二宫建筑群的建筑文化守望者。

　　应中国文物学会、中国建筑学会之邀，天津建院、中国文物学会 20 世纪建筑遗产委员会共同编著了《新中国天津建筑记忆　天津市第二工人文化宫》一书，反映了我们共同守护天津二宫建筑遗产、更好地为社会贡献文化力量的初衷。天津二宫体现了我国建筑风格从现代主义向民族形式的转变发展，其标志性、纪念性的建筑符号与构图令人印象深刻。在 2022 年城市更新项目完成后，天津二宫的历史敬意仍在、历史厚重感仍在，"工""人"的建筑纪念性特征更加凸显，现已成为深受群众喜爱的休闲娱乐场所。

　　相信造访天津二宫的人们会被这处集文化、教育、体育、休闲和娱乐等功能于一体的综合性文化公园所深深吸引。值得提及的是二宫剧场，它是文化宫中最醒目的主体建筑。其观众厅有观众席 1 610 座，是新中国成立后天津建成的第一座以演出戏剧、歌舞和放映电影为主要功能的综合性影剧场。其舞台后部延伸至室外，设计师别出心裁地设计了公园露天舞台，创造了日间可同时进行场内外演出活动的演艺空间，并提供了夜间可放映电影的室外平台。该建筑总体造型大气、朴实、庄重，风格古朴典雅、简洁明快，在表达了中国传统建筑特色的同时，也隐约呈现了西方建筑风格。特别应提及的是该项目的建筑工程师虞福京先生（1923—2007 年）。虞先生 1945 年毕业于天津工商学院建筑系，后来加入了著名的天津基泰工程司，成为杨廷宝、张镈、杨宽麟等前辈的助手，他于 1952 年加入了天津建筑设计公司，天津二宫是他的第一个建筑作品。对由中国第二代建筑师虞福京设计的天津二宫及其他诸多作品对今天产生的影响，可做"承上启下"的概括：承上，指的是他在实践、教育等方面继承了第一代建筑师创作的中国近代建筑遗产；启下，指的是他一方面参与了新中国成立后的大量建设任务，另一方面开始对现代建筑结合民族传统进行了本土化探索。

　　天津二宫在新时代的今天继续接受绿色低碳、智慧人文的技术改造，同时它仍是当年的设计者深情的城市文化回望。我相信，天津市委市政府和天津市总工会重视的城市更新实践在赋予天津二宫活力的同时，也会让它成为天津乃至全国工人文化宫建筑系列的建筑活化示范。

全国工程勘察设计大师

天津市建筑设计研究院有限公司名誉院长

2024 年 3 月

目录

天津市第二工人文化宫（以下简称"二宫"）是天津这座国家历史文化名城发展历史上极具时代特色的优秀近现代建筑，是天津市文物保护单位和第六批中国20世纪建筑遗产。作为一处蕴含多重价值的红色历史建筑遗产，其建筑本体见证了天津在新中国成立初期快速成长为北方重要工业城市的历史进程，体现了当时的艺术审美和时代风貌，反映了那个建造年代的建筑设计和建造技术水平，承载着几代天津人的美好记忆和城市情怀。

二宫剧场、图书馆等共同构成了"天津市第二工人文化宫建筑群"。

篇一
第二工人文化宫概览

　　天津市第二工人文化宫坐落于天津市河东区光华路中山门地区，1952 年由天津建筑设计公司设计，由天津市第三建筑工程公司施工，1954 年建成并投入使用。二宫是集文化、教育、体育、休闲和娱乐等功能于一体的综合性文化公园，具有文化宫和公园的双重公益性职能。

　　二宫是天津当时占地面积最大、"文、体、学"功能俱全的园林式文化宫。公园占地面积为 24 万平方米，其中绿化面积 20 万平方米、湖水面积 4 万平方米，公园内有多座建筑，包括作为"二宫"标志建筑的剧场、图书馆、体育健身中心（综合球馆、体育场）、劳模疗休养中心、艺体培训中心，公园内还有 300 多米长的藤萝架乘凉走廊和体育健身长廊等设施，是当时全国屈指可数的大型文化宫。

篇二
第二工人文化宫特色设计

剧场

剧场的观众厅设有观众席 1 610 个,其中池座 1 155 个,楼座 455 个,是新中国成立后天津建成的第一座以演出戏剧、歌舞和放映电影为主要功能的综合性影剧场。

根据声学设计原理,观众厅平面采用"钟"形布局,侧墙做成锯齿形声反射面。观众厅长 35 米、宽 21.5 米、高 13 米,结构采用钢筋混凝土框架,屋面采用钢桁架结构。

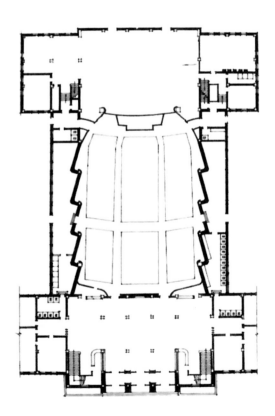

剧场平面图

　　剧场的布局：前厅共 3 层，1、2 层为门厅、休息厅，3 层为舞厅，两侧设置休息廊、厕所。现代化舞台宽 22 米、深 17 米、高 17 米。后台设有两层化妆室，设计师结合所处的公园环境，在舞台外墙后部别出心裁地设计了露天舞台，日间场内、场外可同时进行演出活动。同时露天舞台在晚间可放映电影，成为公众晚间休闲的好去处，开启了"夜间经济"的先河。

· 建筑的总体造型

建筑总体造型大气、朴实、庄重，风格古朴典雅、简洁明快，摒弃各种烦琐的装饰，在中国传统建筑特色中隐约透出 20 世纪 50 年代的俄式建筑风格，充分彰显了天津中西合璧的独特建筑风貌，同时彰显了工人阶级勤劳、朴实的气质，体现出特有的时代建筑个性。

·建筑细部

剧场南向的正立面为对称的三段式构图。两侧为两层，中间高起的部分为三层且向外突出，每一部分的长宽比例都接近于正方形的边长比例，整体风格厚重、端庄。这样的比例不仅体现在建筑形体上，也体现在窗户分格和几何形浮雕上，使得建筑形成了统一、和谐的整体感。

立面的主要构图元素为白色水刷石线条，强调竖直方向，与墙面的主体深色面砖形成对比。深色墙体采用天津特有的建筑文化元素——过火砖（硫钢砖），立面的窗下墙采用水刷石，上有简单的几何形浅浮雕。主入口上方设置两层通高大窗，构成视觉的焦点。

该工程以"工人"命名，在很多建筑细节设计上都以"工"字造型为母题。主入口左右两侧楼梯间的实墙面上设有独具特色的纵向连续"工"字造型的条窗；主入口的大门处也有"工"字形的画龙点睛般的设计装饰。

"工""人"二字的标识从形态到细节反复呈现，体现出这是为广大劳动群众和工人阶级打造的文化娱乐阵地，彰显了设计人对使用者深厚的文化关怀。

该建筑群不仅在人视角度上宏伟壮观，设计更是"暗藏玄机"。从空中俯瞰，剧场呈"工"字形，图书馆呈"人"字形，独特的设计创意妙不可言，令人叹为观止。

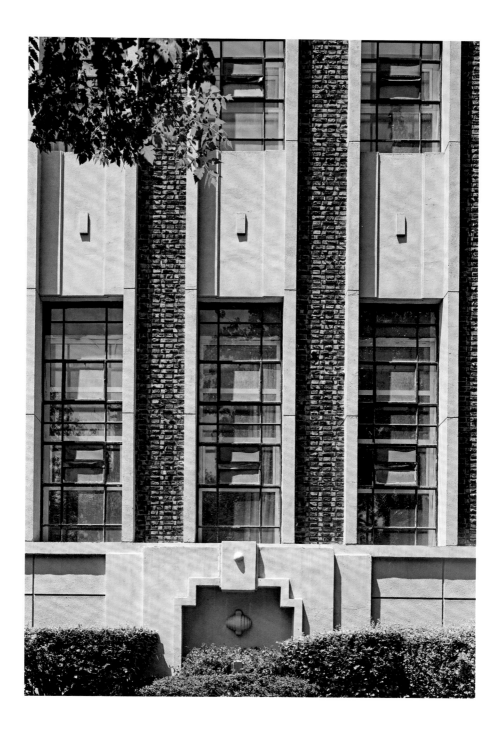

　　1966 年，刘景樑参与设计的第一个项目是天津展览馆英展大厅（现天津市第二工人文化宫内），其当年是为英国工业制品来津办展览而修建的。刘景樑设计的双曲扭壳方案被选中。他还参加了全过程施工图设计。

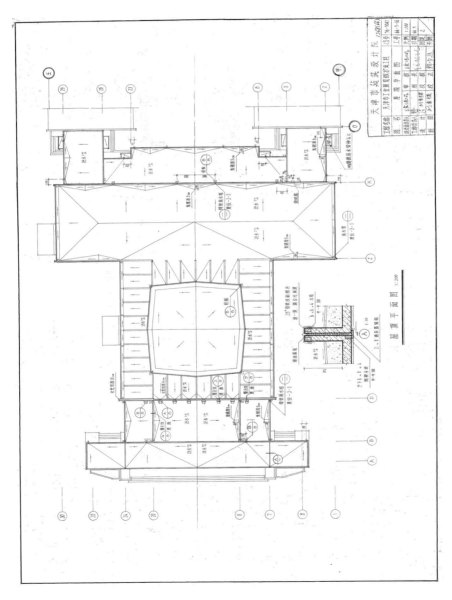

老图纸 1

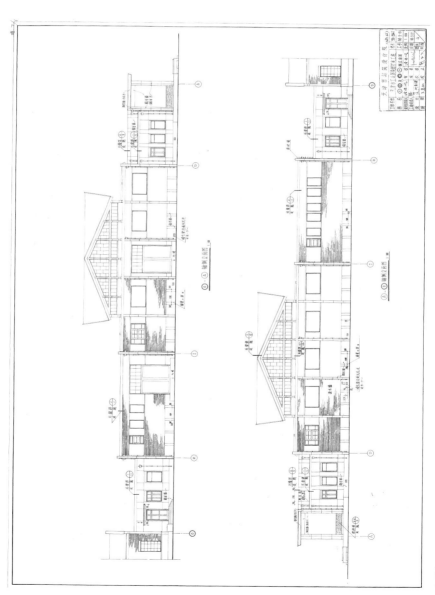

老图纸 2

图书馆

图书馆坐北朝南，位于二宫中轴线北部，前有小广场，风景秀丽。该建筑于 1956 年筹建，1957 年 9 月竣工，同年 10 月即投入使用。建筑占地面积为 1 220 平方米，建筑面积为 1 600 平方米，是 3 层砖混结构的建筑，设有 9 个中小型办公室、4 个大型活动室和 1 个书库。建筑依旧保留着建成时的红砖风格，门前左右各有一片茂密的竹林，小广场中心有一座汉白玉雕像，雕像明显是 20 世纪七八十年代的雕塑风格。

在 1966 年开始的"文化大革命"期间，图书馆的工作暂时停止，馆藏图书大多遗失。

　　1978 年中国共产党十一届三中全会召开之后，图书馆的工作与文化宫的各项工作一起恢复。

　　该馆实行馆长负责制。职能机构有采编组、文学图书外借处、综合图书外借处、阅览室、自学室、资料室。人员编制为 12 人，其中 8 人有初级专业技术职称。

　　至 1994 年，图书馆共有馆藏图书 11 万余册。其中古籍线装书 809 册、资料工具书 1 251 册、内参书 785 册、报纸 60 种、期刊 240 种。图书馆具有科普、文史并重，科技资料突出的综合性、普及性的藏书特色。此外，图书馆也收藏了工人运动方面的书刊和工人自己创作的作品，还有《工人日报》合订本、早期出版的马列著作中译本、《毛泽东选集》、革命文献、天津地方志等文献。

　　在读者工作方面，图书馆设有阅览室、自学室、资料室，有阅览座位 200 个。读者工作面向纺织、冶金、化工、一轻等系统近 300 个大、中、小企业的职工，各类图书实行开架和半开架借阅。图书馆编印有《资料室书目索引》《分类剪报》供读者使用。1989—1992 年，该馆组织产业工会系统的 75 个基层单位举办了 4 届"新书联合展借"，展借新书近 1 000 种，共 3 万册，接待读者 3 万余人次。

　　在业务辅导方面，图书馆一是举办图书馆员培训班，开设藏书建设、图书分类、图书著录、图书编目、读者工作等方面的基础课程，无偿代培基层图书管理人员；二是帮助基层图书馆建立各项管理制度，组织藏书体系和目录体系等。

建筑师虞福京先生

20 世纪 50 年代，由于国民经济的恢复和发展，国内主要城市纷纷建设了一批规模较大、有代表性的公共建筑。这些公共建筑往往具有鲜明的时代特征和民族特色，成为各地建筑设计的代表作品。

异彩纷呈的天津近代建筑被称为"万国建筑博览会"，作为天津本土培养、锻炼出来的建筑师，虞福京先生的作品在形制、材料、与周边环境的协调性等很多方面都体现出天津地域建筑风

天津工商学院建筑系 1945 届毕业照，前排右一为虞福京

格，体现了新中国成立初期天津的建筑特征和水准。

虞福京先生作为中国第二代建筑师，具有这一代建筑师的时代特征和历史地位。他们的特点基本上可以用"承上启下"来概括。承上，指的是他们在实践、教育等方面继承了第一代建筑师创作的中国近代建筑文化遗产，除了学习西方古典主义和现代主义初期的建筑思想，还有对中国传统建筑的传承研究。启下，指的是他们一方面参与新中国成立后的大量建设任务，另一方面开始对现代建筑结合民族传统进行了本土化探索。他们的研究成果对中国现代建筑创作道路和探索历程有着重要的意义，也对地域性建筑的发展有着重要的指导价值。

虞福京 1945 年毕业于天津工商学院（法国天主教会学校）建筑设计系，该校作为中国北方建筑教育的发源地之一，培养出了一批日后取得辉煌成就的建筑师，为中国的建筑事业做出了巨大贡献。1945 年，虞福京加入当时著名的天津基泰工程司，这里是孕育中国建筑师（杨廷宝、张镈、杨宽麟）的摇篮。新中国成立后，他与其他人合作成立了建筑事务所，且成为事务所主创建筑师。

1952 年，虞福京加入天津建筑设计公司。他的第一个设计作品就是天津市第二工人文化宫，从此他进入了建筑创作的高峰期，也是其设计生涯中最辉煌的时期。

天津市第二工人文化宫、天津市公安局办公大楼、天津市人民体育馆（已被列入第四批中国 20 世纪建筑遗产）在当时的天津乃至全国都是具有代表性和影响力的建筑作品，成为最能代表虞福京的设计水平的建筑作品。1955 年 3 月，在完成了天津市人民体育馆的方案设计后，虞福京调至天津市建设工程局，暂别了建筑设计事业。

　　虞福京先生的建筑设计作品在天津市范围内广泛分布，其中
最重要的代表作集中在天津的中心城区。虞福京先生的建筑创作
主要分为两个时期。

　　第一个时期是唯思奇事务所时期，他的主要设计作品有子牙
河南岸面粉厂厂房（1949 年）、纺织管理局职工医院（1951 年）、
自来水公司办公楼（1951 年）、营口道中国银行（1951 年）。

·自来水公司办公楼

　　自来水公司办公楼的设计于 1951 年完成，基地面积为
953.07 平方米，总建筑面积为 2 800 平方米，建筑形体呈"L"形。

　　自来水公司办公楼可以说是虞福京使用的设计手法最多样、

最丰富的建筑。在建筑形体上，由于3层礼堂的层高比较高，建筑整体分为高度不同的3个部分，结合高起的山墙、楼梯间等元素，共同构成了高低错落的丰富的建筑形态。

立面的竖向划分保留古典三段式建筑的设计手法，一层立面使用白色水刷石的面积较多，有别于二三层的深色砖墙立面。建筑顶部有连续的向外突出的檐部，有明显的古典建筑意象。

· 营口道中国银行

营口道中国银行的设计完成时间为1951年5月，建筑立面采用比较简洁的艺术装饰主义风格。建筑的体量和高度与旁边的老楼比较接近。立面采用横竖三段式构图，左右两边向外突出的楼梯间拱卫着中间高起的建筑主体，在竖向设计上采用简练的手法将立面划分为 3 部分，整体比例端庄、大气。立面材料以浅灰色剁假石为主，使得建筑形体更显结实、厚重。外观设计突出建筑的体量感和雕塑感，具有金融建筑规整、严谨的特征。

　　第二个时期是天津建筑设计公司时期，他的主要设计作品有天津市第二工人文化宫剧场（1952 年）、天津市公安局办公大楼（1953 年）、十月影院（1953 年）、天津市人民体育馆（1954 年）。

　　虞福京先生的阅历可谓非常丰富，无论在学术界还是政界都有着令人瞩目的成绩。由于能力突出、成就斐然，虞先生走上了领导岗位。从天津市建设工程局局长到天津市副市长，他在建筑工程、工程质量管理、城市建设、城市发展等领域均取得了卓越的业绩，为天津乃至全国建筑业的发展做出了杰出贡献。他的经历见证了中国建筑学术界的发展和天津城市建设的历程。

·天津市公安局办公大楼

　　天津市公安局办公大楼设计于 1953 年，于 1955 年建成，建筑面积为 9 300 平方米，设计主持人为虞福京、王桂邱。建筑采用钢筋混凝土框架结构，中部为 6 层，两翼 4 层，还有半地下 1 层。建筑的平面布局总体呈"Π"形，两端突出，平面布局十分舒展，在大楼前方围合出一块场地。

　　建筑的整体构图为横向五段式，高起的中部和两端突出的端

部被强调出来，成为 3 个视觉焦点，也强化了建筑形体舒展的怀抱感。立面的处理手法主要强调竖向线条，烘托出大楼的挺拔感。外观设计以装饰主义简约、现代的风格为主，并适当使用民族建筑符号作为点缀。

· 十月影院

十月影院的设计完成时间为 1953 年 7 月，于 1954 年建成，是新中国成立后天津市新建的第一家国营电影院，为纪念俄国十月革命胜利 36 周年而取名 "十月"。

十月影院为单放映厅的小型影院，长 64.12 米、宽 25.195 米、高 15 米，建筑整体布局简明紧凑。建筑立面将简洁的现代主义设计风格与传统民族建筑符号相结合，立面材料以水刷石为主。整体立面构图呈中轴对称的效果，两端高起的立柱上，有民族建筑

十月影院平面图

的雕刻纹样，取简化的华表的意象，强化了建筑立面两侧的边缘。

·天津市人民体育馆（天津女排 20 年 15 冠的主场）

天津市人民体育馆始建于 1954 年，于 1956 年完工，是在新中国成立后第一个五年计划期间兴建的，建成后曾被称为亚洲第二大体育馆。该工程建筑面积为 1.56 万平方米，有观众席 5 300 个，观众厅平面采用四面等排矩形，比赛场地长 39.4 米、宽 23 米，可供篮球、排球、体操等的体育比赛使用。场地端线处设有舞台，以供开会和文艺表演使用。该工程配套设施有健身房、乒乓球房、台球房等，此外还有供运动员使用的休息室、淋浴室、医务室、厕所和裁判员休息室等设施。

该建筑采用砖石结构，屋盖为弧形角钢网架。建筑造型庄重，具有浓厚的民族建筑风格。

该建筑于 1973 年失火，后进行修复。修复设计除保留了原结构造型外，对内部还进行了较大的改动。观众厅内增加了座椅，可容纳观众数量为 4 000 人；在建筑声学设计上缩短了观众厅的混响时间，并重新设计了电声系统、电视转播系统、空调系统和计时记分牌。在场地上空增加了灯盘，不仅方便检修，也可消除弧形顶棚造成的不利反射声，形成了一个空间吸声体，增加了吸声量，也有利于声音的扩散。修复后的体育馆成为具有体育、文艺、会议等功能的大型公共建筑。

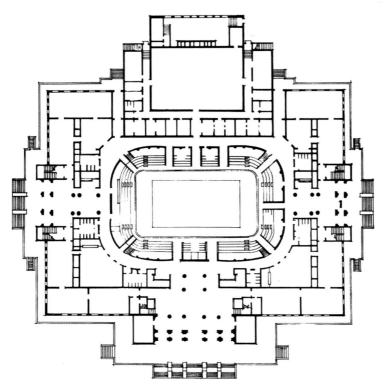

天津市人民体育馆平面图

天津市人民体育馆手绘效果图

篇三
第二工人文化宫
园区内相关项目

二宫公园

　　二宫公园是天津这座国家历史文化名城宝贵的建筑文化遗产。二宫公园的建设遵循了"平安、绿色、智慧、人文"的建设理念，实现了"以人为本、资源节约、环境友好"的建设目标，为公众提供了健康、舒适、绿色的"文、体、学"功能空间和生态环境。

　　二宫公园地处由东兴路、津塘路、光华路围成的"金三角"区域。在二宫建设之初，这里是一片荒地，周边有棉一、棉二、棉三、棉五等棉纺厂，还有一炼、二炼、三炼等大炼钢厂，这些工厂的工人总数超过 10 万人，二宫正是为了满足这些工人的文娱体育

需求而建设的。20世纪六七十年代的夏季是二宫最辉煌的时代，曾记录下天津河东人的青春岁月。后来的二宫体育场与体育馆改造工程改建了1个标准足球场，新增了8条操场跑道、30张室内乒乓球台、12个室内羽毛球场、3个室内排球场、2个室内篮球场。

二宫改造的总体规划是：充分利用现状，不新建；拆除违章建筑，将零散地块、空置区最大限度地拓展为生态空间，对旧建筑进行合理的功能布局，消除安全隐患；遵循面向大众的原则，将改造后的二宫用于开展职工活动。通过改造提升，二宫成为面向广大职工群众的有特色、功能齐备的休闲公园和开展职工培训、文体活动的新去处。

·平安

天津市第二工人文化宫曾是天津市"五大公园"之一，多年来园内场地长期外租，租户惨淡经营、秩序混乱，存在消防、治安、食品卫生等方面的安全隐患。按照天津市委、中华全国总工会关于文化宫要回归公益性的要求，天津市总工会加快推进二宫外租场地清理工作，收回 30 家外租单位的 4.3 万平方米房屋场地；拆除违章建筑，对现有建筑进行加固修缮。

更新完善地下管网。对园区近 4 千米上下水、电力、供热、燃气、强弱电等老旧地下管网进行重新铺设，彻底消除安全隐患。

保留修缮建筑。对建于 1953 年、能容纳 1 400 人的剧场进

行修缮；对位于公园北部的图书馆进行装修和设施补充；保留公园东部的温泉酒店，将其改造为劳模疗休养中心；维修园内的一湖两岛和景观桥梁。

改造提升健身场馆。建设能同时容纳 200 人活动的室内乒乓球、羽毛球场地和室内外篮球场地；改造足球场，拆除周围的看台和部分附属用房，建设通透式景观廊架，场中心改为足球训练场，场内外建环形健身步道。

增加服务设施。园内配备必要的水吧、快餐店、停车场、应急避难设施等。

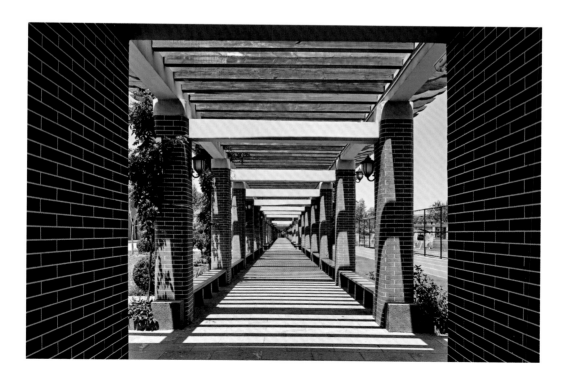

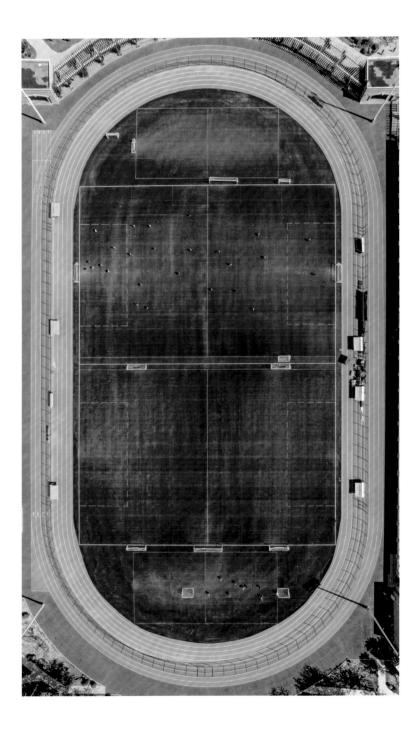

·绿色

　　本次改造强化公园属性，本着"拆违增绿、见缝插绿、应绿尽绿"的原则，最大限度地拓展生态空间。为落实"双碳"目标，本次改造的种植原则为多种树、种大树，少种灌木、多种乔木，成线、成林、成片，栽植乔木、灌木、地被植物等。园内新增乔木、灌木5 126株，地被植物6万平方米，其中乔木1 829株、灌木3 297株，植物种类超过150种，包括白蜡、国槐、法桐、海棠、石榴、孔雀草等，营造出了"四季常青、三季有花、两季见果"的效果。

本次改造拓展公园生态空间，新增6块绿化用地，计划栽植乔木、灌木、地被植物等约1.5万株，使园内绿化面积提高2倍以上。绿化力求成林成片，中间建甬道、木栈道等设施，曲径通幽，满足群众游园观景的需求。

· 智慧

公园新增人流量监测系统，对出入公园人流量进行分析和可视化展示，同时可进行入园人群性别、年龄段的大数据分析和每日各时段园内人流量分析。园内图书馆与天津图书馆联动，定期交换书籍，实现在同一管理系统内通借通还。

·人文

　　本次改造对剧场和图书馆进行了保护性修缮。索亚风尚温泉酒店经简易修缮后改为劳模疗休养中心，该中心集餐饮、住宿、培训、会议功能于一体。高尔夫会所服务楼改造为艺体培训中心，主要面向广大职工开展书法、乐器、舞蹈、健身等培训。顺峰酒店改造为职工乒羽馆，馆内乒乓球、羽毛球、篮球、排球等设施完备。职工运动场除保留东侧的一层看台外，将其余建筑拆除后改为开放式文化连廊。项目改造足球场和塑胶跑道，供群众休闲健身；为更好地满足群众的如厕需求，新增 3 处公共卫生间。改

造后二宫的建筑面积总计约为 3.8 万平方米。这次改造还增设了配套设施，有咖啡店、便民超市、儿童乐园、文化展馆、景观座椅等。同时，为体现主题文化，公园新增了 20 余块刻有"劳模精神""劳动精神""工匠精神"等文字的特色景观石。

　　本次二宫公园提升改造工程意义重大且影响深远。在天津市总工会正确的组织指导下，更新后的二宫公园将用城市更新与保护利用的成果续写更加美好的故事。

雕塑

　　天津市的雕塑艺术文化十分繁荣，5 位劳动模范、先进工作者的雕塑坐落在二宫劳模园里，它们依湖而立、栩栩如生，用雕塑的艺术形式使劳动模范的形象厚重且生动。

篇四
二宫建成后的社会体验和反响

　　二宫建设以前，这里是大片的荒地和小片的菜地、高粱地，周围都是工厂，如几个大型棉纺厂（棉一、棉二、棉三、棉五）和大炼钢厂（一炼、二炼、三炼）。在那个文化生活单调、匮乏的年代，二宫为周边十几万职工提供了休闲娱乐场所，几十年来二宫更成为天津市职工活动的舞台。以下是天津市第二工人文化宫原主任赵俊清的介绍。

　　当年第二工人文化宫被称作"文物级剧场"。1954年1月15日，总建筑面积为7 142平方米的"工"字形剧场正式落成，该剧场舞台条件一流。在剧场的开幕式上，梅兰芳先生演出了经典剧目《贵妃醉酒》，老一辈人回忆起此事时总是兴奋不已，这可谓是二宫剧场轰轰烈烈的开门红。这个舞台上，不仅有风姿绰约的梅兰芳、

潇洒俊逸的马连良、把观众逗得开怀大笑的马三立、让观众跟着击掌喝彩的骆玉笙，还有用歌声感动了几代人的李谷一、关牧村，快板书创始人李润杰，职工艺术家董湘昆……数不尽的著名艺术家在这里举办过精彩的演出，留下了深刻的城市文化记忆，因此二宫被人们称作"文物级剧场"。

　　20世纪六七十年代，娱乐场所比较少，文化形态也较为单调，二宫组织的许多活动都使大家热情高涨。当时这里活跃着一个职工艺术团，其成员都是从各工厂的文艺骨干中挑选出来的，关牧村就是职工艺术团中的一员。那会儿家里没有电视，吃过晚饭后大家就聚集到二宫，这里每天都人山人海。那是二宫最"辉煌"的年代。

　　历经约70年变迁，二宫虽已退出一线舞台，但随着城市发展，这里的业态更为丰富，受众更为广泛。无论是健身的老人还是玩耍的孩童，都能在这里找到属于自己的娱乐方式，与二宫独有的厚重感与沧桑感相得益彰。

　　近日，二宫的电子图书馆也将与公众见面。"书山有路勤为径，学海无涯苦作舟"，图书馆永远是读书人勇攀高峰的乐土。

篇五　更新升级实录

二宫公园改造前

▼位于光华路与富民路交口的二宫主入口大门

▼已收回的高尔夫练习场

▼二宫内的闲置场地

▼已收回的外租场地

▼公园内的裸露地块

▼公园内自发形成的健身区域，环境简陋，设施陈旧

▼园内足球场看台，经鉴定存在安全隐患

▼足球场看台已破损

▼足球场内的违章建筑

▼公园内的废旧售货亭

▼原为蒙古包餐厅，现已拆除

▼足球场看台外立面

▼公园内的闲置房屋

保留修缮建筑·剧场

▼ 改造前

图1

图2

图 1　1953 年建设的局部 3 层、可容纳千人的剧场的外景，剧场建筑面积为 5 700 平方米。

图 2　改造前的剧场观众厅舞台破旧，灯具老化，台口破损，暖气安装无序。

图 3　修缮后的观众厅效果图。本次修缮改造观众厅、化妆间、卫生间的老旧设施，完善服务功能，消除安全隐患。

▼ 改造后

图3

保留修缮建筑·图书馆

▼ 改造前

图1　1954年建设的建筑面积为1 600平方米、局部3层的图书馆的外观。
图2　改造前图书馆内空间狭窄，设施陈旧，书刊存量少。
图3　本次修缮恢复建筑功能，拓展阅览空间，增加线上功能，改善服务设施。

▼ 改造后

保留修缮建筑·劳模疗休养中心

▼ 改造前

图1　收回的温泉酒店，建筑面积为13 900平方米，有130间客房、1间报
　　告厅、2间会议室、2处餐厅，功能齐全，拟改造为天津市劳模疗休
　　养中心，用于劳模疗休养、会议和餐饮服务。
图2　改造前建筑内客房。
图3　修缮后的建筑夜景效果。

▼ 改造后

保留修缮建筑·劳模疗休养中心

▼ 改造前

图 1　改造前收回的温泉酒店客房。
图 2　改造前收回的温泉酒店一层接待大厅。
图 3　经过内部修缮、设施更新的客房效果。

▼ 改造后

改造提升健身场馆·综合球馆

▼ 改造前

图1

图2

图 1　收回的一座原用作餐饮何活动场地的 2 层建筑，建筑面积为 13 000
　　　平方米。
图 2　废弃的中心广场，景观小品破损严重，地面铺装部分塌陷。
图 3　将建筑改造成综合球馆，对外部进行改造，拆除存在安全隐患的接
　　　建墙体，使建筑立面风格与中心广场、艺体培训中心协调统一。

▼ 改造后

图3

改造提升健身场馆·综合球馆（乒乓球场地）

▼ 改造前

图1、图2　建筑首层改造前为餐厅包间和共享大厅。
图3　　　首层改造为综合球馆乒乓球运动区。改造内容：拆除部分隔断，重新布局整合现有空间，增设消防、空调、照明、地胶等配套设施，建成30个可同时容纳120人活动的室内乒乓球场地。

▼ 改造后

改造提升健身场馆·综合球馆（羽毛球场地）

▼ 改造前

图1、图2　建筑2层改造前为羽毛球场地，基础设施老化。
图3　　　改造充分利用现有场地进行简单的修缮，拆除违章设施，改造提升设施设备，建成12个可同时容纳40人活动的室内羽毛球场地。

▼ 改造后

改造提升健身场馆·综合球馆（篮球场）

▼ 改造前

图1

图2

图1、图2　与2层建筑相连接的拱形室内网球馆建于1996年，室内原运动设施已被拆除。

图3　　　改造提升后的效果图。改造内容：粉刷墙体，增设灯具，铺设地胶，添置设施设备，建成2个可同时容纳40人活动的室内篮球场地。

▼ 改造后

改造提升健身场馆·足球场

▼ 改造前

图1

图2

图1　二宫足球场建于1991年，为标准足球场，建筑面积为5 400平方米，占地面积约为24 700平方米。由于年久失修，看台破损严重，存在较大的安全隐患。

图2　改造前足球场内的违章建筑。

图3　改造提升后的效果图。考虑到对看台进行安全加固需要投入约4 000万元，投入较大，本次改造计划拆除三面看台和附属用房，改为通透式景观廊架，供游客休憩观景，设计总长度约为200米，场中心改为足球训练场，场内外建环形健身步道。

▼ 改造后

　　为防止足球被踢出场外，保障安全，足球训练场四周建高 4 米的围网。网内铺设 4 条、网外铺设 6 条环形橡胶步道，总长约为 5 千米，供周边的群众健身散步。

▼ 改造后的足球场局部

▼ 改造后的足球场鸟瞰图

拓展公园生态空间·1号地

▼ 改造前

图1、图2　改造前二宫内的闲置场地，面积约为5 000平方米。
图3　　　　改造后效果图。该地块以劳模林为主题，以种植乔木为主，力求成林成片，林中建甬道、木栈道、劳模雕塑等设施，曲径通幽，吸引群众游园观景。

▼ 改造后

拓展公园生态空间·2号地

▼ 改造前

图1、图2　已收回的高尔夫练习场，面积约为5 600平方米，违章建筑已拆除，改造前基本为裸露地，杂草丛生，景象破败。
图3　　　　改造为视野开阔、环境优美、富有活力的职工休闲广场。广场内建凉亭、座椅、地台、甬道，搭配特色园林小品景观，并临湖引水，形成底部为鹅卵石的浅溪，营造步移景异的园林效果。

▼ 改造后

图1~图3　2号地改造后的职工休闲广场效果图

拓展公园生态空间·3号地

▼ 改造前

图1　原为蒙古包餐厅，现已拆除，面积约为5 900平方米。
图2　该区域的周边环境。
图3　改造后的效果图。拆除原有临时建筑，以种植乔木为主进行绿化，
　　　建设亲水湖岸景观和休闲步道，形成人在景中走、如在画中游的
　　　意境。

▼ 改造后

图3

拓展公园生态空间·4号地

▼ 改造前

图1、图2　位于公园内的一排建筑，建于20世纪80年代，原为幼儿园、餐厅、歌厅及相关配套用房，建筑面积约为2 800平方米，经过多年使用现在存在安全隐患。目前幼儿园已迁到园外，以上建筑被拆除。

图3　拆建增绿后的效果图。增加绿化用地，新增绿化面积约2 000平方米，充分保留并新植大型乔木，补栽花灌木、地被植物，建设中式凉亭，形成赏心悦目的沉浸式带状绿化景观。

▼ 改造后

拓展公园生态空间·5号地

▼ 改造前

图1　改造前公园内的藤萝架区域。

图2　区域内老化陈旧的游乐设施和破损地面。

图3　该地块面积约为5 800平方米，改造以修复种植为主，充分保留和利用现有资源，搭配特色园林小品，营造半通透景观效果；同时拆除存在安全隐患的游乐设施，保留部分安全性高的儿童游乐设施。

▼ 改造后

拓展公园生态空间·6号地

▼ 改造前

图 1　改造前为垃圾存放处。
图 2　改造前公园内的废旧售货亭。
图 3　该地块面积约为 2 100 平方米，拆除现有售货亭等建筑物后硬化路面，
　　　以建设甬道、汀步的形式分割绿化景观区域，栽植果树和常绿植物形
　　　成带状观景绿带。

▼ 改造后

图3

拓展公园生态空间·保护名木古树

图1

图 1　在剧场东侧的观众疏散出口处，现存一棵 70 多年树龄
　　　的名木——凌霄，其枝叶繁茂、生长旺盛，藤蔓已爬
　　　满高 13 米的墙体。
图 2　此次改造对位于疏散出口的凌霄的主干进行圈围保护，
　　　对周围环境进行提升，修缮相邻的两处与景观不相融
　　　合的大门，制作宣传铭牌和游园导引标识，使此处成
　　　为游客观赏名木古树的特色景点。

增加服务设施 1

园内现在缺少必要的配套服务设施，改造后园内合理配建必要的水吧、快餐店、停车场、应急避难场所等设施。

图 1　应急避难导引设施
图 2　自动售卖机

增加服务设施 2

图 1、图 2　引入全球连锁咖啡、甜品品牌，为入园游客提供餐饮服务。
图 3　　　利用现有空间合理布局，在园内增加两处停车场并在园外施划停车泊位，共提供停车泊位约 200 个。

更新完善地下管网

园内地下管网年久失修，破损、锈蚀严重，本次改造投入资金 1500 万元对近 4 千米上下水、电力、供热、燃气、强弱电等老旧地下管网进行重新铺设，满足使用需求，彻底消除安全隐患。

▼示意图

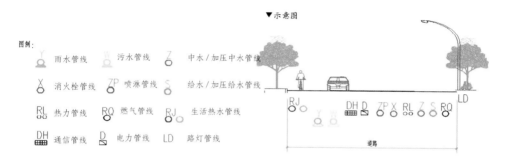

图例：

雨水管线　　污水管线　　Z 中水 / 加压中水管线

消火栓管线　ZP 喷淋管线　S 给水 / 加压给水管线

RL 热力管线　RQ 燃气管线　RJ 生活热水管线

DH 通信管线　D 电力管线　LD 路灯管线

编后记：天津二宫乃
新中国建筑经典

　　作为天津人，我虽对位于天津河东区的天津市第二工人文化宫不太陌生，但小时候去的次数并不多，只记得在那里看过几场演出。引发我的回忆与关注的是天津市建筑设计研究院有限公司的全国工程勘察设计大师刘景樑。随着 2022 年 8 月第六批中国 20 世纪建筑遗产项目问世，我再次关注到天津二宫，也才从档案或遗产的角度审视这个时代经典。在 2022 年 8 月于武汉洪山宾馆召开的"第六批中国 20 世纪建筑遗产项目推介公布暨建筑遗产传承与创新研讨会"上，我代表因故未能到会的刘景樑大师宣读了他致敬天津二宫的设计者虞福京的文稿。

　　截至 2023 年 9 月 16 日，中国文物学会、中国建筑学会已经联合推介了 8 批共计 798 个建筑遗产项目，并从 2018 年开始从推介项目中选择最具代表性且直接服务公众的项目向大众做文化普及工作，出版"中国 20 世纪建筑遗产项目·文化系列"图书。天津二宫入选了 2022 年中国 20 世纪建筑遗产项目的文化推介项目，自 2023 年 4 月起，中国文物学会 20 世纪建筑遗产委员会秘书处、《中国建筑文化遗产》编辑部便与天津市建筑设计研究院有限公司的刘景樑大师、朱铁麟首席总建筑师及相关工作人员投入《新中国天津建筑记忆　天津市第二工人文化宫》的编撰工作中。需要说明的是，编辑部的同人在文稿编辑过程中从多份资料中汲取

营养，如刘景樑大师针对天津二宫做的 20 世纪遗产主题讲座、在
20 世纪建筑遗产活动中发表的追思虞福京的言论，天津大学硕士
研究生关英健的学位论文《天津建筑名家虞福京研究》等。完成
二宫改造更新项目的天津大学建筑设计规划研究总院有限公司也
为我们提供了资料。在文献中，我多次发现天津大学建筑学院博
士温玉清的名字，因为在他的硕士学位论文《中国近代建筑教育
背景下天津工商学院建筑系的历史研究（1937—1952）》中有对
虞福京的访谈，很庆幸这些资料丰富了本书的内容。但遗憾的是，
温玉清（1972—2014 年）已经因病去世。虽难以找到更多关于虞

福京与天津二宫的史料文献，但中国文物学会20世纪建筑遗产委员会的专家认为，我们已经开始重视对20世纪天津建筑师的研究，我们还会不断深入开展建筑文化遗产的保护工作。

建筑师虞福京系中国第二代建筑师（1923—2007年），他是"北京中轴线"申遗工作的贡献者之一。张镈在其所著的《我的建筑创作道路》一书中记叙了他率天津工商学院的师生完成了北京中轴线建筑测绘这一里程碑式的工作。尽管虞福京参加这项工作时中轴线建筑测绘工作已近尾声，他仅参与测绘了景山的几处亭子，但基泰工程司后来成立了古建研究所，他在此工作并传承了中国建筑的文化精髓。虞福京曾特别表示："张镈先生曾以梁思成的《清式营造则例》为蓝本，为我们开设中国传统建筑构造课程。在北京紫禁城中的工作经历使我们获得了极为宝贵的对中国古建筑知识的积累和训练，对我们从事建筑工作影响颇深。"

不少研究者认为，也许与沈理源、张镈、阎子亨等天津近现代著名建筑师相比，虞福京的创作时间显得短暂，但他作品的代表性、标志性毫不逊色，是新中国成立初期天津建筑的文化遗产。2024 年 1 月 11 日，中国文物学会 20 世纪建筑遗产委员会秘书处一行赴天津二宫考察，不仅为这处纪念性与标志性建筑所感染，也从内心敬仰虞福京建筑师。在二宫，我们看到天津民众积极参与文体活动，感受着雪中大家热闹的活动场景，也在参观剧场内的厅堂、楼梯、窗棂乃至当年的水磨石地面时唤起历史的回忆，感悟到剧场顶棚上的红五角星所代表的新中国的建设历程。

感谢中国文物学会、中国建筑学会的学术指导，感谢单霁翔会长的推介序文，感谢刘景樑大师翔实的历史资料，更感谢在该书编撰过程中天津市建筑设计研究院有限公司的朱铁麟首席总建筑师、科技质量部尚旸、院经济所张远明书记等人的帮助，也感谢摄影师刘东提供的建筑图片和天津二宫各级管理者为图书编撰提供的帮助。我相信大家的目标是一致的，都是将"天津二宫"——中国 20 世纪建筑遗产项目中天津乃至全国的工人文化宫的建筑文化经典用最好的方式传播出去。

金磊

中国文物学会 20 世纪建筑遗产委员会副会长、秘书长

中国建筑学会建筑评论学术委员会副理事长

《中国建筑文化遗产》《建筑评论》总编辑

2024 年 3 月

《新中国天津建筑记忆　天津市第二工人文化宫》编委会

指 导 单 位	中国文物学会　中国建筑学会
编 著 单 位	天津市建筑设计研究院有限公司
	中国文物学会 20 世纪建筑遗产委员会
学 术 顾 问	吴良镛　傅熹年　张锦秋　程泰宁　何镜堂　郑时龄　王小东
	刘叙杰　黄星元　周　岚　邹德侬　张秀强　路　红
名 誉 主 编	单霁翔　修　龙　马国馨
编 委 会 主 任	单霁翔
编委会副主任	张晓宇
主　　　编	刘景樑　朱铁麟
策　　　划	金　磊　朱铁麟
编　　　委	王建国　冯　蕾　伍　江　庄惟敏　刘　谞　刘克成　刘伯英
（以姓氏笔画为序）	刘若梅　孙宗列　李　纯　李秉奇　李海霞　杨　瑛　何智亚
	宋雪峰　张　宇　张　兵　张　松　张　杰　张立方　张远明
	张锡治　陈　纲　陈　雄　陈　雳　陈　薇　陈日飙　邵韦平
	周　恺　孟建民　赵元超　胡　燕　徐　锋　徐全胜　殷力欣
	奚江琳　郭卫兵　梅洪元　常　青　崔　愷　谌　谦　韩振平
	舒　莺
执 行 主 编	尚　晹　苗　淼
执 行 编 辑	李　沉　关英健　张远明　朱有恒　董晨曦　金维忻　刘仕悦
版 式 设 计	朱有恒
图 片 提 供	天津市建筑设计研究院有限公司　刘东　张卓
鸣　　　谢	天津市总工会
	天津市第二工人文化宫
	天津大学建筑设计规划研究总院有限公司